Matthias Surovcik

Die Verantwortliche Elektrofachkraft

VEFK-Struktur und Betriebliche Elektrosicherheit
für Unternehmer, Fach- und Führungskräfte

- Das Skript zum Hörbuch -

Die Verantwortliche Elektrofachkraft

VEFK-Struktur und Betriebliche Elektrosicherheit für Unternehmer, Fach- und Führungskräfte

Copyright 2021 & 2022 by Matthias Surovcik

http://tcs-engineering.de

Impressum:

Titel: Die Verantwortliche Elektrofachkraft

Untertitel: VEFK-Struktur und Betriebliche Elektrosicherheit für Unternehmer, Fach- und Führungskräfte

Autor: Matthias Surovcik

Urheberrecht: Matthias Surovcik

1. Auflage

Erstveröffentlichung Hörbuch: März 2021 (Hauptwerk)

Erstveröffentlichung Skript: März 2022

Verwendete Schriftart: Charis SIL

Verlag: Matthias Surovcik Verlag, Wald

ISBN: 978-3-943247-07-7

(ebook ISBN: 978-3-943247-08-4)

(audiobook ISBN: 978-3-943247-03-9)

http://msverlag.com

Bibliografische Information der Deutschen Nationalbibliothek
Die Deutsche Nationalbibliothek verzeichnet diese Publikation in der Deutschen Nationalbibliografie; detaillierte bibliografische Daten sind im Internet über http://dnb.d-nb.de abrufbar.

Inhaltsverzeichnis

Einleitung

Voriges Jahr wurden der Berufsgenossenschaft 4035 Stromunfälle gemeldet, fünf dieser Arbeitsunfälle endeten tödlich. Im Vorjahr waren es 3827 Unfälle mit vier Todesopfern. Der weitaus größte Teil dieser Unfälle passierte im Niederspannungsbereich und nur knapp ein Viertel der elektrischen Arbeitsunfälle trifft elektrotechnische Laien. Da Elektrofachkräfte hauptsächlich von elektrotechnischen Arbeitsunfällen betroffen sind, ist das einerseits nur natürlich – schließlich haben Elektrofachkräfte auch am meisten mit elektrischen Anlagen zu tun. Anderseits verdeutlicht dies besonders: Eine elektrotechnische Qualifikation allein macht niemanden spannungsfest, und Routine ist in der Welt der Arbeitssicherheit stets der größte Feind.

Dass es nicht zu solchen Unfällen kommt, liegt im Aufgabenbereich des Unternehmers. Er ist analog § 3 Arbeitsschutzgesetz dazu *„verpflichtet, die erforderlichen Maßnahmen des Arbeitsschutzes unter Berücksichtigung der Umstände zu treffen, die Sicherheit und Gesundheit der Beschäftigten bei der Arbeit beeinflussen."* sowie *„für eine geeignete Organisation zu sorgen und die erforderlichen Mittel bereitzustellen."*

Wenn der Unternehmer oder die zuständige Geschäftsführung diese Aufgaben im Bereich der Elektrosicherheit nicht übernehmen kann oder will – sei es aus Gründen des fachlichen Hintergrundes oder der Arbeitsprioritäten – kann diese an eine geeignete Person übertragen werden: Die sogenannte Verantwortliche Elektrofachkraft, die VEFK. Die von der VEFK übernommenen Unternehmerpflichten sind grundsätzlich, aber nicht abschließend die Aufsichts-, Kontroll-, Organisations-, Fürsorge-, Verkehrssicherungs-, Auswahl-, und Dokumentationspflicht, wobei die Verantwortliche Elektrofachkraft seitens der Unternehmensleitung weisungsfrei gestellt ist.

In diesem Hörbuch geht es um die Hintergründe, rechtlichen Grundlagen, Aufgaben, Arbeitsabläufe und Organisationsstrukturen der Elektrosicherheit und somit um die Rolle der Verantwortlichen Elektrofachkraft.

Einleitend geht es zunächst um die Hintergründe einer VEFK-Struktur und in welchen Fällen diese umgesetzt wird. Um die unterschiedlichen Aufgaben und Kompetenzen in der Elektrotechnik besser zu verstehen, werden im Anschluss unterschiedliche Rollen der Elektrotechnik erörtert, angefangen mit der Elektrofachkraft. Aber auch die Elektrofachkraft für festgelegte Tätigkeiten sowie die Elektrotechnisch unterwiesene Person werden vorgestellt. Wenn die Rollen soweit geklärt sind, sollen die Schritte erörtert werden, wie es zur Installation einer Verantwortlichen Elektrofachkraft kommt, beginnend mit den formalen Voraussetzungen, über den Auswahlprozess bis hin zur Bestellung. Im Anschluss sollen die Pflichten der VEFK einschließlich der Aufgaben erörtert werden, die dazu gehören. Insbesondere werden wichtige Maßnahmen genannt, um ein Versagen der Organisationsstruktur zu verhindern. Aber auch wie ein möglicher Stromunfall zu untersuchen ist und was es mit der Gefährdungsbeurteilung auf sich hat, sind wichtige Thermen in diesem Kontext. Um Ihnen eine bessere Orientierung im Normen- und Paragraphendschungel zu geben, wird daraufhin das Zusammenwirken von Gesetzen, Vorschriften und Normen beschrieben.

Schließlich geht es um besondere Aspekte des Arbeitslebens, mit welchen sich eine VEFK beschäftigen muss. Hierzu gehören die Organisation der Arbeiten unter Spannung, das Thema Schaltberechtigung, die Verantwortung für Altlasten, die Zusammenarbeit mit Fremdfirmen und internationalen Teams, die jährliche Sicherheitsunterweisung sowie die arbeitsrechtlichen Kompetenzen, die eine Verantwortliche Elektrofachkraft zur Erfüllung ihrer Arbeit benötigt.

Ein paar abschließende Bemerkungen des Autors runden das Thema ab.

Bitte beachten Sie aber stets: Ein Buch oder Hörbuch kann eine Einzelfallberatung nicht ersetzen, insbesondere keine Rechtsberatung durch einen Rechtsanwalt. Es kann Ihnen aber einen guten, ersten Eindruck der Fülle der Aufgaben einer VEFK und der elektrotechnischen Sicherheitsstruktur eines Unternehmens vermitteln.

Ob Sie selbst Verantwortliche Elektrofachkraft werden, sich als Geschäftsleitung der Elektrosicherheit strukturiert annehmen oder am Arbeitssicherheitskonzept Ihrer Firma mitwirken, für Sie ist dieses Hörbuch geschrieben worden.

Gleich zu Beginn möchte ich darauf hinweisen, dass je nach Betrieb eine hinreichende Struktur auch ohne die Ernennung einer VEFK vorhanden ist. Haben Sie in Ihrem Betrieb nur eine Elektrowerkstatt und einen Elektromeister als Werkstattleiter eingestellt, ist eine Benennung einer VEFK auf Grund der eindeutigen fachlichen Verantwortung des Werkstattleiters nicht notwendig. Hier reicht es aus, im Unternehmensorganigramm die entsprechenden Anforderungen und Kompetenzen aufzuführen.

Ist Ihr Unternehmen aber etwas größer oder komplizierter strukturiert, sieht das etwas anders aus. Grundsätzlich haben Unternehmen dann zwei Möglichkeiten; nämlich entweder eine Verantwortliche Elektrofachkraft einzusetzen oder diese Aufgabe als Geschäftsführer oder Unternehmer selbst zu übernehmen. Solange keine Verantwortliche Elektrofachkraft eingesetzt ist, hat die Geschäftsleitung die Pflichten der Elektrosicherheit automatisch inne. Diese Variante kann je nach Unternehmen auch Vorteile haben: So hat die Geschäftsleitung damit die direkte Kontrolle.

Die VEFK-Aufgaben selbst zu übernehmen beinhaltet natürlich mehr Möglichkeiten der Intervention. Damit geht auch der Vorteil der flexibleren Entscheidungen konform. Insbesondere bei der Budgetierung von Mitteln des elektrotechnischen Arbeitsschutzes herrscht so mehr Dynamik. Zudem kann die klarere Hierarchie nicht nur für die Geschäftsleitung, sondern auch für die Belegschaft angenehmer sein. Strategische, fachliche und disziplinarische Ebenen zu vereinen, bedeutet auch nur einen obersten Chef zu haben. Das vereinfacht vieles. Natürlich setzt dies voraus, dass die Geschäftsleitung auch die fachlichen und persönlichen Voraussetzungen einer VEFK erfüllt.

Trotz all dieser nicht von der Hand zu weisenden Vorteile kann die Bestellung einer Verantwortlichen Elektrofachkraft dennoch interessant sein. Mehr Zeit für die eigentlichen Aufgaben einer Geschäftsleitung zu haben spricht für die Bestellung einer Elektrofachkraft. In der Position der Leitung eines Unternehmens gibt es so schon sehr viele Aufgaben, die man noch zusätzlich übernehmen muss, und ich kenne kaum eine Person in einer leitenden Position, die vor lauter Nebenaufgaben nicht ein Buch mit dem Titel *„Ich wollte doch nur arbeiten!"* schreiben könnte. Dafür bliebe aber ohnehin keine Zeit. Das Delegieren der VEFK-Aufgaben befreit Ressourcen, die zur Leitung des Unternehmens benötigt werden.

Damit geht auch einher, dass bei einer Aufgabenteilung sich jeder stärker auf seine Kerngebiete fokussieren kann. Eine bestellte VEFK kann sich besser auf das Thema fokussieren als die alles leitende Geschäftsführung. Auch vermeiden Sie damit den Verdacht des Interessenkonfliktes bei der Abwägung betriebswirtschaftlicher Interessen und der Kosten der Sicherheit.

Zudem sollte der Umfang der Aufgaben einer Verantwortlichen Elektrofachkraft nicht unterschätzt werden. Wie so oft sieht man von außen nur die Spitze des Eisberges. Bevor es näher um die Verantwortliche Elektrofachkraft als der obersten Autorität der Elektrosicherheit geht, ist es wichtig, die unterschiedlichen Stufen elektrotechnischer Qualifikation und ihrer Bedeutungen zu kennen.

Die Elektrofachkraft

Nach DGUV Vorschrift 3 ist Elektrofachkraft, *„wer aufgrund seiner fachlichen Ausbildung, Kenntnisse und Erfahrungen sowie Kenntnis der einschlägigen Bestimmungen die ihm übertragenen Arbeiten beurteilen und mögliche Gefahren erkennen kann."*

Das klingt sowohl klar definiert als auch unheimlich allgemein. Und das ist auch volle Absicht. Einer der wichtigsten Hinweise ist, dass die Ausbildung nur einen Teil der Voraussetzungen ausmacht. Das bedeutet, dass ein Mitarbeiter mit elektrotechnischer Berufsausbildung oder einem einschlägigen Studium nicht automatisch eine Elektrofachkraft ist. Zu dieser wird er aufgrund der genannten Definition vom Arbeitgeber ernannt bzw. als solcher eingesetzt. Bei der Elektrofachkraft handelt es sich nicht um eine formale Qualifizierung, sondern es ist mehr ein Kompetenzstatus, welcher sich in erster Linie auf die Elektrosicherheit von Mensch und Maschine bezieht.

Ein Universitätsabsolvent der Elektrotechnik ist nicht näher am Status der Elektrofachkraft als jemand, der gerade seine Berufsausbildung abgeschlossen hat, ganz im Gegenteil.

Auch jemand Neues im Unternehmen sollte man nicht unbedingt vom ersten Tag an allein als Elektrofachkraft einsetzen. Diesem Mitarbeiter fehlt es zwar vielleicht nicht an hinreichend Arbeitserfahrung. Jedoch fehlt es ihm an Arbeitserfahrung in Ihrem Unternehmen. Dies kann ebenfalls zu Fehlern führen. Jeder braucht eine Einarbeitungszeit, um die Abläufe und die Kultur eines Unternehmens kennen zu lernen. Da stellt die Elektrotechnik keine Ausnahme dar.

Zu den erforderlichen Kenntnissen und Erfahrungen gehört nämlich auch die Kenntnis des Unternehmens. Dementsprechend ist es allgemeiner Konsens, dass eine fachliche Berufsausbildung oder ein Studienabschluss lediglich eine Basis ist, eine Art Lizenz zum Weiterlernen. So ist die Elektrofachkraft in der Europanorm EN 50110 definiert als *„eine Person mit geeigneter fachlicher Ausbildung, Kenntnissen und Erfahrung, so dass sie Gefahren erkennen und vermeiden kann, die von der Elektrizität ausgehen können"*. Der Schwerpunkt der aktuellen Definition - beziehungsweise deren Interpretation - liegt stärker in der beruflichen Praxiserfahrung denn in der Ausbildung.

Um die Sicherheit zu gewährleisten, gibt es also auf vielen Gebieten die Möglichkeit, seine elektrotechnisch gut ausgebildeten Mitarbeiter zusätzlich qualifizieren zu lassen, was in einigen

Bereichen sogar vorgeschrieben ist, z.B. im Hochvoltbereich. Wer seine Mitarbeiter also in Entwicklung und Produktion der Elektromobilität einsetzen möchte, ist angehalten, diese vorab entsprechend fortzubilden. Und auch dann darf die Praxis nicht unberücksichtigt bleiben.

Im genannten Fokus auf die Praxiserfahrung liegt aber auch begründet, dass der Status der Elektrofachkraft nicht allgemein auf die gesamte Elektrotechnik bezogen werden kann. Denn es gibt verschiedene Fachbereiche der Elektrotechnik und damit auch verdiene Fachbereiche einer Elektrofachkraft. So gibt es die Elektrofachkraft für Gebäudeinstallationen nach VDE, es gibt die Elektrofachkraft für Hochvoltsysteme, die Elektrofachkraft für Windkraftanlagen, die Elektrofachkraft für Photovoltaiksysteme und so weiter. Niemand ist Elektrofachkraft für alles.

Zeitgleich ist dieser Status auch nichts, was man einmal erreicht und dann für immer trägt wie seinen eigenen Vornamen. Den Status einer Elektrofachkraft kann man auch verlieren. Insbesondere ist dies dann der Fall, wenn ein Mitarbeiter mehrere Jahre nicht mehr im eigentlichen Fachbereich tätig war und damit nicht mehr am Ball ist.

In Kurzfassung: Eine elektrotechnische Ausbildung oder ein elektrotechnisches Studium stellt nur die Grundlage dar, reicht jedoch nicht aus, um jemanden als Elektrofachkraft tätig werden zu lassen. Eine entsprechende Schulung kann sinnvoll sein, in einigen Fällen ist sie de facto gefordert. Ihre Einschätzung als VEFK jedes in Frage kommenden Mitarbeiters ist ebenso wichtig.

Vor dem Einsatz als Elektrofachkraft empfiehlt es sich, den Mitarbeiter explizit als solche zu ernennen. Dies zu dokumentieren vereinfacht Ihnen im Zweifelsfall den Nachweis Ihrer sorgfältigen Pflichterfüllung. Ist die zu ernennende Person in der Lage, Gefahren und Risiken ihrer Arbeit sowie die Grenzen der eigenen Befähigung korrekt einzuschätzen? Ist sie in der Lage, die Verantwortung für und Leitung von Kollegen, Anlagen und Arbeiten wahrzunehmen, welche ihr übertragen werden? Hat sie die Erfahrung und das Wissen, um selbständig erforderliche und geeignete Mittel und Maßnahmen in ihrer Arbeit zu ergreifen; egal ob bei Errichtung, Instandhaltung, Fehlersuche, Prüfung oder Messung? Haben Sie als VEFK insgesamt den Eindruck, diese Person guten Gewissens eigenständig Arbeiten und Verantwortung übernehmen zu lassen?

In unserem Servicepaket, welches Ihnen auf unserer Homepage „*www.tcs-engineering.de/downloads*" zur Verfügung steht, finden Sie hierzu eine entsprechende Beispielvorlage.

Der Benutzername lautet „*elektrofachkraft*", das Passwort lautet „*vde1000*".

Die Elektrofachkraft für festgelegte Tätigkeiten

Die Elektrofachkraft für festgelegte Tätigkeiten – kurz EFKffT – steht zwischen der Elektrotechnisch unterwiesenen Person und der Elektrofachkraft. Grundsätzlich wird die EFKffT innerhalb ihres Aufgabengebietes genauso angesehen wie eine Elektrofachkraft, jedoch mit sehr klaren Grenzen. Die EFKffT darf völlig eigenständig arbeiten. Sie darf elektrotechnische Arbeiten ausführen, einschließlich des Freischaltens und Inbetriebnehmens elektrotechnischer Anlagen oder Betriebsmittel, ohne dass eine EFK die Leitung und Aufsicht übernehmen müsste.

Damit gilt die EFKffT bei der Ausführung ihrer Aufgaben als Elektrofachkraft im Sinne der DGUV Vorschrift 3, allerdings mit dem Zusatz *„für festgelegte Tätigkeiten"*, also nur für die Arbeiten, für welche sie eine Arbeitsanweisung, zum Beispiel in Form einer ausführlichen Checkliste hat, und für die Tätigkeiten, für die sie auch bereits eingewiesen ist.

Wenn eine neue, der EFKffT noch unbekannte elektrische Anlage angeschafft wird, muss die EFKffT in die neue elektrische Anlage durch eine Elektrofachkraft eingewiesen werden. Ebenso bei neuen Arbeitsabläufen oder bei neuen Werkzeugen,

Messgeräten und anderen elektrotechnischen Arbeitsmitteln. Ohne klar geplante Arbeitsanweisung darf eine Elektrofachkraft für festgelegte Tätigkeiten lediglich wie eine Elektrotechnisch unterwiesene Person eingesetzt werden. Diese notwendige Checkliste kann durchaus auch in Form eines Programmablaufplans mit *„Wenn-Dann-Verzweigungen"* aufgebaut sein; sobald jedoch etwas vom Plan in der umzusetzenden Realität abweicht, heißt es für die EFKffT *„Ich bin raus!"* und es muss eine EFK hinzugezogen werden. Eine NICHT vorgesehene, also freie Fehlersuche, darf nur durch eine Elektrofachkraft ausgeführt werden.

Während also eine EFK aufgrund ihrer höheren Kompetenz auch ohne Checkliste beziehungsweise Programmablaufplan eigenständig arbeiten und fachliche Entscheidungen über weitere Arbeitsverfahren treffen kann, ist dies der EFKffT **nicht** gestattet.

Wie aber wird aus einem Mitarbeiter eine Elektrofachkraft für festgelegte Tätigkeiten? Die Ausbildungskriterien für eine Elektrofachkraft für festgelegte Tätigkeiten sind im DGUV Grundsatz 303-001 festgelegt. Je nach Eingangsqualifikation und Themengebiet dauert eine solche Qualifizierungsmaßnahme beispielsweise zwei Wochen für Theorie und Praxis. Es ist jedoch zu empfehlen, eine EFKffT nach ihrer Qualifizierung erst einmal wie eine Elektrotechnisch unterwiesene Person unter Leitung und Aufsicht einer EFK tätig werden zu lassen, sowohl um ihr die Möglichkeit zum begleiteten Einarbeiten zu geben, als auch um eine Einschätzung der EFK abzuwarten, ob diese den betreffenden Mitarbeiter auch wirklich für den Einsatz als Elektrofachkraft für festgelegte Tätigkeiten geeignet befindet.

Natürlich ist eine entsprechende Vor-Auswahl geeigneter Kandidaten sehr wichtig. Man schickt ja niemanden auf einen zweiwöchigen Kurs, den man hätte auch in zwei Tagen zur EuP qualifizieren lassen können. Dennoch verstärkt eine begleitete Einführung nach der Qualifizierung sehr gut die erforderliche Sorgfaltspflicht durch Sie als VEFK.

Auch hier gilt: Versuchen Sie mit dem Qualifizierer die Zielsetzung so gut wie möglich im Vorfeld abzustecken. Wenn es spezialisierte EFKffT-Kurse gibt, sollten Sie diese gegenüber allgemeinen auch vorziehen. Im Hochvoltbereich der Elektromobilität ist dies zum Beispiel sogar vorgeschrieben; dort nennt man die Elektrofachkraft für festgelegte Tätigkeiten eine Fachkraft für Hochvoltsysteme.

Auch hier sollten Sie noch eine schriftliche Ernennung dokumentieren, in welche Sie die Aufgabengebiete eintragen und die Arbeitsanweisungen anhängen. Beachten Sie, dass auch bei der Auswahl der EFKffTs die Verantwortung für den Einsatz geeigneter Personen bei Ihnen als VEFK liegt.

In unserem Servicepaket, welches Ihnen auf unserer Homepage *„www.tcs-engineering.de/downloads"* zur Verfügung steht, finden Sie hierzu eine entsprechende Beispielvorlage.

Der Benutzername lautet *„elektrofachkraft"*, das Passwort lautet *„vde1000"*.

Die Elektrotechnisch unterwiesene Person

Nach § 3 Absatz 1 der DGUV Vorschrift 3 müssen alle elektrotechnischen Arbeiten von einer Elektrofachkraft oder unter Leitung und Aufsicht einer Elektrofachkraft durchgeführt werden. Somit ist es selbst dem elektrotechnischen Laien gestattet, bei etwa der Errichtung elektrischer Anlagen mitzuwirken. Allerdings ist der Einsatz elektrotechnischer Laien stark beschränkt. Daher gibt es die Elektrotechnisch unterwiesene Person, kurz EuP. Zur Erinnerung: Die Elektrofachkraft musste soweit qualifiziert sein, dass sie die ihr *„übertragenen Arbeiten beurteilen und mögliche Gefahren erkennen kann."*

Bei der EuP geht man von einer erfolgreichen Qualifizierung aus, wenn sie über die ihr übertragenen Aufgaben im Allgemeinen sowie im Einzelnen und über die möglichen Gefahren bei unsachgemäßem Handeln sowie über die notwendigen Schutzeinrichtungen und Schutzmaßnahmen ausreichend unterwiesen, eingewiesen und gegebenenfalls angelernt wurde. Seminare für elektrotechnisch unterwiesene Personen werden in der Regel ein- oder zweitägig angeboten. Dabei geht es um die grundlegenden Begrifflichkeiten und Gefahrenpotentiale der

Elektrotechnik. Achten Sie beim Einsatz von EuPs jedoch darauf, dass diese nicht nur mit einem Zertifikat winkend nachweislich unterwiesen sind, sondern auch für ihren konkreten Arbeitsbereich eingewiesen werden müssen. Diese Einweisung kann in der Regel nur in dem betreffenden Unternehmen erfolgen. Wichtiger Punkt dabei ist, dass die Elektrotechnisch unterwiesene Person ausschließlich unter Weisung und Aufsicht einer Elektrofachkraft tätig werden darf. Das bedeutet nicht, dass die EFK stets hinter der EuP stehen muss. Die EuP darf auch eigenständig tätig werden. Jedoch muss die Elektrofachkraft durchgängig ansprechbar sein. Die EuP darf weder Anlagen oder Betriebsmittel freischalten noch in Betrieb nehmen. Die Arbeitsergebnisse der EuP sind von der EFK zu überprüfen.

Sie können eine EuP eine ganze Anlage nach Schaltplan verdrahten lassen, wenn Sie als Arbeitsverantwortliche EFK ihr das zutrauen. Allerdings muss die Anlage zuvor freigeschaltet worden sein und die Arbeit der EuP von der EFK vor der Inbetriebnahme kontrolliert und abgesegnet werden. Die Verantwortung für diese Arbeit trägt die EFK. Die EuP gilt hier lediglich als Erfüllungsgehilfe.

Wenn Sie Mitarbeiter auf EuP-Schulungen schicken, sind diese mit dem Zertifikat aber noch nicht automatisch als Elektrotechnisch unterwiesene Personen eingesetzt.

Es liegt erneut an Ihnen als Verantwortliche Elektrofachkraft, die Mitarbeiter zu EuPs zu ernennen. Wie immer bei der Mitarbeiterauswahl gilt auch hier Ihre Einschätzung ob der übertragenen Aufgaben, wen Sie zur EuP in welchem Bereich ernennen. Sollten Sie mehrere Mitarbeiter zu EuPs qualifizieren wollen, kann es sich lohnen, über ein Inhouseseminar nachzudenken. Wenn Sie sich hierzu externe Unterstützung holen, sprechen Sie mit dem Qualifizierer vorher darüber, für welchen Bereich die EuPs eingesetzt werden sollen, um dies möglichst umfangreich bereits in die Schulung zu integrieren.

Nochmal zur Verdeutlichung: Der Hintergrund einer elektrotechnisch unterwiesenen Person erfordert eine Qualifizierung durch eine Elektrofachkraft, eine Vermittlung der ihr übertragenen Aufgaben, eine Unterweisung über mögliche Gefahren bei unsachgemäßem Verhalten sowie eine Unterweisung über notwendige Schutz-einrichtungen und Schutzmaßnahmen und eine vollständige Einweisung bzw. auch ein entsprechendes Anlernen.

Aber auch nach erfolgter Auswahl, Qualifizierung und Einweisung sollten Sie die Mitarbeiter entsprechend ernennen, zu Dokumentationszwecken am besten schriftlich. Dieser Bestellung sollten Sie neben dem EuP-Zertifikat auch einen Einweisungsnachweis beilegen, ebenso wie eine Beschreibung der jeweiligen auszuführenden EuP-Tätigkeiten.

Diese Beschreibung sollte optimalerweise auch die genutzten Arbeitsmittel benennen und nach Möglichkeit auch die Anlagen oder Betriebsmittel, an welchen gearbeitet werden darf. Sehr beliebt ist zum Beispiel der Einsatz von EuPs bei Geräteprüfungen nach § 5 DGUV Vorschrift 3. Beachten Sie aber, dass auch hierbei nur unter Leitung und Aufsicht einer Elektrofachkraft gearbeitet werden darf. Egal wie gut die eingesetzten Messgeräte sind, eine EFK muss dennoch ein Auge darauf haben.

In unserem Servicepaket, welches Ihnen auf unserer Homepage *„www.tcs-engineering.de/downloads"* zur Verfügung steht, finden Sie hierzu eine entsprechende Beispielvorlage.

Der Benutzername lautet *„elektrofachkraft"*, das Passwort lautet *„vde1000"*.

Formale Voraussetzungen – Wer kann Verantwortliche Elektrofachkraft werden?

Zuallererst muss die betreffende Person dies freiwillig tun; niemand kann gegen den eigenen Willen zur VEFK gemacht werden. Verantwortung kann nunmal nicht einseitig übertragen werden, wie es auch Arbeitsgerichte bereits bestätigt haben. Außerdem müssen bestimmte fachliche Anforderungen erfüllt werden. In der Regel muss die VEFK mindestens Meister, Ingenieur oder Techniker der Elektrotechnik sein. Besonderes Augenmerk ist auch auf die persönliche Eignung zu legen; eine elektrotechnische Fachkompetenz ist natürlich sehr gut, reicht aber alleine nicht aus. Aber der Reihe nach.

Konzentrieren wir uns einmal auf das „V" in VEFK. Verantwortung ist nach allgemeiner Definition die *"mit einer bestimmten Aufgabe, einer bestimmten Stellung verbundene Verpflichtung, dafür zu sorgen, dass innerhalb eines vorgegebenen Rahmens alles einen möglichst guten Verlauf nimmt, das jeweils Notwendige und Richtige getan wird und möglichst kein Schaden entsteht sowie die Verpflichtung, für etwas Geschehenes einzustehen."*

Ein großer Aspekt ist also die Verpflichtung, de facto ein Verbot der Passivität; die Aufgabe der

Verantwortung besteht also darin, ein bestimmtes Ergebnis sicherzustellen. Hierzu ist sowohl die Freiheit erforderlich, Entscheidungen treffen zu dürfen, als auch die Kompetenz, diese zu treffen. Das klingt jetzt noch sehr allgemein und theoretisch, daher unterscheiden wir konkret die Verantwortung einer Elektrofachkraft im Sinne der üblichen Verantwortung eines Mitarbeiters für die ihm anvertrauten Bereiche oder Gerätschaften und der Verantwortung, welche ein Unternehmer trägt. Es gibt also streng genommen zwei Arten verantwortlicher Elektrofachkräfte.

So ist die Übernahme der Verantwortung für eine bestimmte elektrische Anlage eine Aufgabe, die an sich täglich von Elektrofachkräften übernommen wird. Das kann die Verantwortung für eine ganze Produktionsstraße sein. Das kann auch die Leitung eines ganzen Teams sein. Diese ist nach DIN VDE 1000 Teil 10 Kapitel 3.1 definiert.

In dieser grundsätzlichen Ausgestaltung gibt es außer der Forderung, „Elektrofachkraft" des jeweiligen Fachgebietes zu sein, keine darüber hinausgehenden fachlichen Anforderungen an die Qualifikation der verantwortlichen Elektrofachkraft im Sinne des Kapitels 3.1 der DIN VDE 1000 Teil 10. Um keine Verwechslungen aufkommen zu lassen, welche verantwortliche Elektrofachkraft denn nun gemeint ist, sprechen wir in diesem Fall eher allgemein von der *„Zuständigen Elektrofachkraft"* oder im konkreten Fall auch von der *„Arbeits- oder Anlagenverantwortlichen Elektrofachkraft"*. Wenn in diesem Hörbuch von VEFK oder Verantwortlicher Elektrofachkraft gesprochen wird, soll es in erster Linie um diejenige Verantwortliche Elektrofachkraft gehen, welche die entsprechenden Unternehmerpflichten übernimmt. Ist eine Elektrofachkraft also nicht lediglich für einzelne Teams, Arbeiten oder Anlagen auf operativer

Ebene verantwortlich, so fordert die DIN VDE 1000 Teil 10 in Kapitel 5.3, dass die VEFK grundsätzlich eine Qualifikation als Handwerksmeister, Industriemeister, Ingenieur oder Techniker der Elektrotechnik innehat, alternativ dass die besondere Eignung im Einzelfall bewertet und dokumentiert wird. Eine Qualifikation allein stellt jedoch noch keine hinreichende Kompetenz dar, welche es einem Unternehmer ohne Weiteres die Aufgabe der Elektrosicherheit abzugeben erlaubt, um sich beruhigt und ausschließlich anderen Aufgaben zu widmen.

Die VEFK kann Unternehmerpflichten übernehmen, die Sorgfaltspflicht des Unternehmers fordert jedoch eine entsprechende Auswahl eines geeigneten Kandidaten nach fachlichen und persönlichen Fähigkeiten und Fertigkeiten. Ein individueller Auswahlprozess ist daher von zentraler Bedeutung und sollte ohnehin sorgfältig und mit einem dokumentierten Augenmerk auf die jeweilige Person gerichtet sein, wie im Weiteren genauer beschrieben.

Der Auswahlprozess

Bei der Auswahl eines geeigneten Kandidaten ist neben den formalen Anforderungen die charakterliche, persönliche Eignung von zentraler Bedeutung. Egal wie gut jemand fachlich versiert ist, eine geeignete Person muss über eine Führungspersönlichkeit verfügen. Eine potentielle VEFK muss wertschätzend, sorgfältig, vertrauensvoll, authentisch, konsequent und konstruktiv sein. Sie muss eine Person sein, die von allen Mitarbeitern respektiert wird und mit der man auch offen sprechen kann, welche aber auch ansagt, was Phase ist. Ebenso muss sie gegebenenfalls auch der Unternehmensleitung die Stirn bieten. Nur dann verfügt sie wirklich über die volle Kompetenz. Ein Beispiel, wie weit so etwas gehen kann:

Wenn die VEFK sagt *"Wir halten hier die Produktion an, ich kann es aus Gründen der Elektrosicherheit nicht verantworten, dass hier weitergearbeitet wird."*, dann ist das so. Dies ist aber nicht die Regel und ist der allerletzte Schritt und tatsächlich der Worst Case. Zudem ist die Grenze der Entscheidungsgewalt einer VEFK dort erreicht, wo es nicht mehr um Elektrosicherheit geht. Die VEFK kann nicht entscheiden, welche Produkte gefertigt werden, oder andere unternehmerische Entscheidungen treffen. Würde ein sehr zurückhaltender, introvertierter, harmoniesüchtiger Zeitgenosse zur VEFK ernannt werden, würde dies spätestens im Fall eines Arbeitsunfalls zu negativen Konsequenzen auch für die Unternehmensleitung führen, welche sich mehr oder weniger wissentlich das Leben einfacher machen wollten, indem sie die Verantwortung für die Elektrosicherheit an einen Menschen zu übertragen versuchten, der wenig einfordern wird und tut, was man ihm sagt. Das korrekte Stichwort in einem solchen Fall wäre Organisationsverschulden seitens des Unternehmers, denn bei der Übertragung von Verantwortung ist die Auswahl eines geeigneten Kandidaten die zentrale Pflicht des Unternehmers.

Wenn er diese Pflicht nicht gewissenhaft ausführt, kann ihm ein Organisationsverschulden zur Last gelegt werden. Zu dieser Pflicht gehört auch, sich weiterhin um das Thema und die Zusammenarbeit zu kümmern. Zwar ist das Tagesgeschäft und die fachliche Auseinandersetzung nun Aufgabe der VEFK, jedoch sollten sich Unternehmer bzw. Geschäftsführer auch mit der VEFK austauschen. Dies kann beispielsweise in regelmäßigen Sitzungen gemeinsam mit den Beauftragten für Arbeitssicherheit geschehen.

Bestellprozess

Sobald ein geeigneter Kandidat gefunden wurde, sollten sich Unternehmer mit der zukünftigen VEFK zusammensetzen. Es muss schlicht auch die Chemie stimmen, damit die beiden konstruktiv und produktiv miteinander arbeiten.

Bevor jemand zur VEFK bestellt wird, sollte ein Rahmen des Verantwortungsbereichs definiert werden: Um was geht es überhaupt? Ist es nur eine Produktionslinie, oder die ganze Produktion? Nur um einen Standort oder um mehrere? Geht es nur um die Anlagen oder auch um die Gebäudeinstallation?

Wenn Sie zum Beispiel für Ihre Bürogebäude einen Wartungsvertrag mit einem Meisterbetrieb für Elektroinstallationen haben, liegt dort auch die Verantwortung für diesen Bereich. Jedoch sollte es eine klare, interne Vorgehensweise bei plötzlich auftretenden Schäden geben. Beispielsweise wenn beim Transport von schweren Gerätschaften durch eine Unachtsamkeit beim Tragen der Berührschutz aus Kunststoff einer Steckdose vollständig zerstört wird. In einem solchen Fall muss man wissen, was genau zu tun ist, damit die davon ausgehende Gefahr nicht zu einem Stromunfall führen kann.

Dafür brauchen Sie jedoch keine vollumfängliche VEFK-Struktur für die Gebäudeinstallation. Diese benötigen Sie in erster Linie bei elektrotechnischen Arbeiten und dem Umgang mit elektrotechnischen Anlangen Ihres Unternehmens. Dabei ist es wichtig, sich über den Umfang des Elektrobereichs klar zu sein.

Wenn es zu einer Bestellung zur Verantwortlichen Elektrofachkraft kommt, sollte gemeinsam ein Budget festlegt werden, über welches die VEFK eigenverantwortlich entscheiden kann. Dies trägt zur Rechts- und Arbeitssicherheit für beide Seiten bei.

Man spricht im Zusammenhang mit der VEFK tatsächlich nicht nur von einer Ernennung, sondern von einer Bestellung. Der Begriff kommt aus dem Gesellschaftsrecht und beschreibt die urkundenbasierte Ernennung von Personen als Organe einer Gesellschaft. Da Sie als VEFK eine besondere Verantwortung des Unternehmers übernehmen, ist die Verdeutlichung dessen im Begriff der Bestellung angebracht. Entsprechend gibt es eine Urkunde der Bestellung, welche vertragliche Bindung für beide Seiten hat.

In unserem Servicepaket, welches Ihnen auf unserer Homepage „*www.tcs-engineering.de/downloads*" zur Verfügung steht, finden Sie hierzu eine entsprechende Beispielvorlage.

Der Benutzername lautet „*elektrofachkraft*", das Passwort lautet „*vde1000*".

Mit der Bestellung der Verantwortlichen Elektrofachkraft wurden Unternehmerpflichten im Bereich der Elektrosicherheit den in der Bestellung definierten Bereich betreffend vom Unternehmer auf die VEFK übertragen. Damit ist die VEFK jedem Mitarbeiter – auch Mitgliedern der Geschäftsleitung! – in Sachen Elektrosicherheit weisungsbefugt.

Auch ein Mitglied der Geschäftsleitung oder des Vorstands im Unternehmen hat in einem von Ihnen nur für Elektrofachkräfte zugelassenen Sicherheitsbereich nichts verloren, wenn es nicht selbst zu den Elektrofachkräften zählt.

Ebenso ist die Verantwortlichen Elektrofachkraft von der Geschäftsleitung weisungsfrei gestellt. Die VEFK ist also die oberste und autonome Autorität in der Elektrosicherheit ihres Verantwortungsbereichs. Dies muss natürlich in der Bestellungsurkunde mit aufgenommen sein.

Eine VEFK muss übrigens nicht ein angestellter Mitarbeiter sein, diese Aufgabe kann auch extern vergeben werden. Dies wird oft sogar ganz automatisch für bestimmte Teilbereiche gemacht. Sollten Sie im Unternehmen beispielsweise eine Produktionsanlage haben, zu auch ein umfangreicher Wartungs- und Instandhaltungsvertrag durch eine Fremdfirma existiert, haben Sie ja für genau diese Anlage auch die Verantwortung extern vergeben; auch wenn dies zumeist nur ein sehr kleiner Umfang ist, welcher selten den hohen Anforderungen einer VEFK-Struktur gerecht wird. Wenn Sie die Aufgaben einer VEFK extern vergeben, muss dies dennoch in einer Bestellung festgeschrieben werden.

Diese ist zugleich meist auch der entsprechende Vertrag. Eine externe Vergabe kann in etwa sinnvoll sein, wenn kein geeigneter Mitarbeiter im Unternehmen ist, insbesondere wenn der Umfang der VEFK nur einen eher geringen zeitlichen Umgang aufweist, aber auch wenn die geeigneten Fachkräfte andere Prioritäten verfolgen müssen.

Eine VEFK-Tätigkeit kann zwar als Teilaufgabe eines Mitarbeiters vereinbart werden, jedoch darf diese keinesfalls nachrangig sein. Ganz im Gegenteil: Im Zweifelsfall müssen die Aufgaben der VEFK Vorrang haben. Der Umfang einer Stelle, welcher auf die VEFK-Aufgaben entfällt, muss je nach Unternehmen individuell veranschlagt werden und ist bei Bedarf anzupassen.

Wenn ein angestellter Mitarbeiter zur Verantwortlichen Elektrofachkraft ernannt wird, empfiehlt es sich ebenso, einen entsprechenden Kündigungsschutz mit in die Bestellung aufzunehmen. Die Bestellung der VEFK stellt rechtlich eine ergänzende Nebenabrede zum Arbeitsvertrag dar. Um im Konfliktfall nicht dem Verdacht zu unterliegen, die VEFK wäre dem Arbeitgeber gegenüber aus Angst um ihren Job eingeknickt, hilft eine solche Schutzformulierung auch gegen den Vorwurf des Organisationsverschuldens.

Organisationsverschulden

Unternehmer bzw. Vorstand, Geschäftsführer, Betriebsleiter oder andere Leitungsorgane haben die Pflicht, ihren Betrieb so zu organisieren, dass ein sicherer und funktionierender Ablauf aller Prozesse und Schutzmaßnahmen gewährleistet ist. Dazu gehört auch, dies mit geeigneten Mitteln jederzeit nachweisen und steuern zu können. Eine Verletzung dieser Pflicht stellt ein Organisationsverschulden dar.

Bestellt ein Unternehmer einen geeigneten Kandidaten zur Verantwortlichen Elektrofachkraft, hat die VEFK in ihrem Verantwortungsbereich eine entsprechende Garantenstellung aufgrund der übernommenen Garantenpflicht inne und ist damit strafrechtlich haftbar.

Zur Erfüllung ihrer Pflicht ist der Aufbau und Erhalt einer fachlichen Struktur ihre primäre Aufgabe als Verantwortliche Elektrofachkraft. Die Garantenstellung betrifft ausschließlich natürliche Personen, also z.B. den Unternehmer, die Geschäftsführerin oder die Verantwortliche Elektrofachkraft. Dies geht einher mit dem Merkmal des deutschen Strafrechts, wonach ein Unternehmen nicht strafrechtlich verfolgt werden kann, allerdings sehr wohl die jeweiligen verantwortlichen Personen.

Die Zurechnung von ahndungsfähigen Handlungen oder Unterlassungen einer Organisation zur verantwortlichen Person sind im § 14 Strafgesetzbuch und § 9 Ordnungswidrigkeitengesetz verankert. Dessen sollte sich jeder Mensch bewusst sein, welcher eine entsprechende Position übernimmt.

Hier ein paar grundlegende Hinweise zur Erfüllung Ihrer Rolle der Garantenstellung und damit zur Vermeidung eines möglichen Organisationsverschuldens:

- Erarbeiten Sie eine Checkliste aller Pflichten und anfallenden Arbeiten.
- Ordnen Sie die Pflichten und Arbeiten den jeweiligen Personen und Funktionen zu. Hierzu kann es hilfreich sein, ein visualisiertes Organigramm zu erstellen.
- Definieren Sie einzelne Verantwortlichkeiten und ernennen Sie Anlagen- und Arbeitsverantwortliche.
- Achten Sie auf eine Kongruenz von Sachkenntnis und Entscheidungsbefugnis.
- Kontrollieren Sie alle Pflichten, Arbeiten, Personen und Stellen aus Ihrem Organigramm auf vollständige Zuordnung.

- Sorgen Sie für eine gute Qualifizierung, deren Erhalt und ausreichend Fortbildungsmöglichkeiten aller Mitarbeiter.

- Organisieren Sie eine Struktur, in welcher sich die Elektrofachkräfte regelmäßig frei austauschen können. Je ungezwungener der Rahmen dieses Austausches ist, umso wertvoller ist er.

- Erarbeiten Sie alle Gefahrenbereiche und bewerten Sie diese im Rahmen einer Gefährdungsbeurteilung.

- Beschränken Sie den Zugang zu gefährdeten Bereichen nach allen Abstufungen: Wer darf eine Halle betreten, wer darf in welchen separaten Bereich eintreten, wer hat die Schlüsselgewalt zu besonders gefahrengeladenen Orten oder Anlagen?

- Erarbeiten Sie eine Zutrittsordnung und eine Dokumentation des Zutritts zu besonderen Gefahrenbereichen.

- Vermeiden oder zumindest verringern Sie die Option, Gefahrenbereiche alleine zu betreten. Machen Sie es unmöglich, dass jemand alleine an elektrischen Anlagen arbeitet ohne das Wissen und die

Gewährleistung der Sicherheit durch mindestens einer weiteren Person.

- Schaffen Sie Prinzipien der Sicherheit und klare, nachvollziehbare Verhaltensregeln. Hinterfragen Sie regelmäßig deren Tauglichkeit und Verständlichkeit.

- Setzen Sie stets nur geeignete Mitarbeiter für elektrotechnische Arbeiten ein.

- Sorgen Sie für ein regelmäßiges Feedback aller Mitarbeiter. Je näher jemand an der Basis arbeitet, umso wertvoller sind dessen Beobachtungen.

- Achten Sie auf eine saubere Betriebsmittel- und Anlagenprüfung nach DGUV Vorschrift 3 sowie eine vollständige und regelmäßige Mitarbeiterunterweisung nach § 12 Arbeitsschutzgesetz.

- Schaffen Sie hierzu nicht lediglich eine verstaubte Ablagendokumentation, sondern ein Unterweisungs- und Arbeitsmittelmanagement, welches Ihnen frühzeitig Handlungsbedarf signalisiert. Diese sollte auch die Arbeitskleidung und persönliche Schutzausrüstung der Mitarbeiter umfassen.

- Sorgen Sie auch für Ihre eigene Weiterbildung. Informieren Sie sich über Normenneuerungen, tauschen Sie sich mit anderen Verantwortlichen Elektrofachkräften aus, besuchen Sie Seminare oder auch Kongresse. Geben Sie dieses Wissen auch an Ihre Elektrofachkräfte weiter.

Natürlich kann auch eine noch so gewissenhafte Arbeit von Unternehmer und Verantwortlicher Elektrofachkraft mit einem noch so guten Team nicht garantieren, dass es niemals zu einem Stromunfall kommen wird. Eine hundertprozentige Sicherheit gibt es nicht. Man hat aber die Gewissheit, alles getan zu haben, um Unfälle zu verhindern. Das ist die Gewissenhaftigkeit. um die es geht. Sollte es zu einem Unfall kommen, wird es eine Untersuchung geben.

Im Fall eines Personenschadens wird sicherlich die Berufsgenossenschaft und womöglich auch die Staatsanwaltschaft vor Ort sein und eine Menge Fragen stellen. Dies könnten Fragen sein wie *„Wer hat die Arbeit freigegeben?“*, *„Wer hat entschieden, dass dieser Mitarbeiter eingesetzt wird, und warum er?“*, *„Wo ist Ihre Gefährdungsbeurteilung? Zeigen Sie uns die* *doch mal bitte.", „Wann wurde der Mitarbeiter zuletzt unterwiesen?", „Was waren die Inhalte der Unterweisung?" oder „Warum hatte er einen Schlüssel für diesen Raum?"*

Auf solche Fragen sollte man gut, ruhig und sachlich antworten können. Wenn Sie auf eine Frage nicht antworten können, nehmen Sie diese sehr ernst und gehen Sie dem nach. Das staatsanwaltliche Ermittlungsverfahren möglicher Ordnungswidrigkeiten oder gar Straftaten dreht sich immer um die Möglichkeit einer Sorgfaltspflichtverletzung.

In jedem Fall ist eine Kooperation mit den untersuchenden Behörden angebracht, ebenso wie sich unverzüglich zum Unfallort zu begeben. Darin liegt aber auch ein wenig die Zwickmühle. Einerseits hat man den verständlichen Gedanken, bei einem möglicherweise drohenden Strafverfahren sich lieber erstmal gar nicht zur Sache zu äußern und dann die Arbeit dem eigenen Anwalt zu überlassen, schließlich gilt im Strafrecht die Unschuldsvermutung.

Andererseits ist die Arbeitsschutzbehörde auch befugt, einen Betrieb komplett einzustellen, sofern eine Gefahrenlage nicht zu beseitigen oder unklar sein sollte. Zudem liegt eine Aufklärung in Ihrem Interesse. Sollten Sie sich unsicher fühlen, sollten Sie die den Justiziar des Unternehmens oder einen externen Anwalt zu Rate ziehen.

Arbeitsunfälle können eine Vielzahl rechtlicher Konsequenzen nach sich ziehen. Dazu gehören verwaltungs-, ordnungswidrigkeiten- und strafrechtliche Konsequenzen. Der Worst Case ist dabei die fahrlässige Tötung nach § 222 Strafgesetzbuch. Aber auch die fahrlässige Körperverletzung nach § 229 Strafgesetzbuch ist keine Bagatelle.

Im Vorfeld sollte man sich gemeinsam mit der Geschäftsleitung also überlegen, eine eigene Rechtsschutzversicherung aufzunehmen oder aber die VEFK in die bestehende aufzunehmen; ebenso ist mit der Betriebshaftpflichtversicherung zu verfahren. Auch in eine neue oder bestehende D&O-Versicherung sollte die VEFK eingetragen werden. D&O steht für *„Directors & Officers"*. Die D&O-Versicherung ist eine Vermögens-schadenhaftpflichtversicherung, welche ein Unternehmen für seine leitenden Angestellten abschließt. Es handelt sich dabei um eine Versicherung zugunsten Dritter auf der Grundlage einer Berufshaftpflichtversicherung. Die Deckung dieser Versicherungen greift bei Verletzung der Sorgfaltspflicht durch den Versicherten, solange nicht vorsätzlich oder grob fahrlässig gehandelt wurde. Jedoch zahlen die Versicherungen nicht alles

– Bußgelder gegen Personen gehen zumeist zu Lasten der Privatschatulle.

Bußgelder nach dem Ordnungswidrigkeitengesetz drohen sowohl für das Unternehmen als auch für Verantwortliche Personen wie Geschäftsführer, Leitende Angestellte oder aber auch die VEFK auf der Basis des Organisationsverschuldens. Wenn eine Person in der Funktion der Garantenstellung eine Straftat durch Pflichtverletzung begeht, kann nicht nur gegen diese, sondern auch gegen das Unternehmen selbst eine Geldbuße nach § 30 Ordnungswidrigkeitengesetz verhängt werden. Auch wenn keine Straftat einer Leitungsfunktion, aber zumindest eine Aufsichtspflichtverletzung vorliegt, kann ein Bußgeld gegen das Unternehmen verhängt werden.

Im Laufe des polizeilichen oder staatsanwaltlichen Ermittlungsverfahrens kann auch aus einem Zeugen ein Beschuldigter werden. Sollte sich kein Verdacht gegen eine Person erhärten, verlagert sich zumeist die Ermittlung Richtung möglichem Organisationsverschulden. Hierdurch geraten wiederum automatisch Geschäftsleitung, Vorstandschaft, aber auch VEFK ins potentielle Fadenkreuz. Daher kann eine anwaltliche Begleitung ratsam sein.

In jedem Fall aber sollten Sie nicht vergessen, dass eine Aufklärung der Ursachen und Hintergründe in Ihrem eigenen Interesse liegt. Mit gemachten Fehlern – von wem auch immer begangen – sollte konstruktiv umgegangen werden. Langfristig gesehen geht es auch um die Zusammenarbeit mit Berufsgenossenschaft und anderen Behörden.

Die Unfallanalyse

Sollte es doch zu einem Stromunfall kommen, ist auch ohne Personenschaden die Angelegenheit sehr ernst zu nehmen. Eine Unfallanalyse einschließlich Gefährdungsbeurteilung ist vorzunehmen.

Bei der Unfallanalyse steht die Informationssammlung an erster Stelle. Machen Sie eine Inaugenscheinnahme vor Ort. Sprechen Sie mit allen Beteiligten und Zeugen. Denken Sie dabei daran, dass es darum geht, aus Fehlern zu lernen und nicht gleich Schuldzuweisungen auszusprechen. Bitten Sie alle Gesprächspartner gesondert, Ihnen zu berichten, wie diese den Unfall wahrgenommen haben. Lassen Sie sich auch schildern, was die betreffende Person zu diesem Zeitpunkt getan hat, fragen Sie nach Auffälligkeiten. Konzentrieren Sie sich hierbei auf offene Fragen, vermeiden Sie Ja/Nein oder Zuordnungsfragen. Reden Sie nach Möglichkeit mit allen Beteiligten getrennt. Dies hat nichts mit dem Prinzip einer Vernehmung zu tun, es geht schlicht darum, nicht die psychologische Problematik des Auffüllens von Erinnerungslücken im Nachhinein zu verstärken. Wenn Sie die Mitarbeiter als Gruppe befragen, werden die Schilderungen derer, die schon gesprochen haben, ganz automatisch die Aussagen der anderen beeinflussen. Jedoch sind die Schilderungen der Mitarbeiter neben der Inaugenscheinnahme vor Ort nicht Ihre einzige Informationsquelle. Oft liegt der Fehler nicht an nur einer Stelle. Gehen Sie deswegen auch die entsprechende Dokumentation der betroffenen Anlage und Mitarbeiter durch. Wann wurden die Anlagen von wem zuletzt geprüft, wer hat die Mitarbeiter wann in was unterwiesen? Sprechen Sie gegebenenfalls auch mit diesen Kollegen.

Der zweite Schritt ist die Aufstellung des Unfallgeschehens. Gehen Sie hierbei zunächst stichpunktartig und chronologisch die Ereignisse durch. Vermeiden Sie Schlussfolgerungen oder Aussagen über die Ursachen. Versuchen Sie tabellarisch die Ereignisse zusammenzutragen. Die einzelnen Ereignisse bestehen aus Zeit, Ort, beteiligten Personen und deren Handlungen. Sollten Ihnen Informationen fehlen, begeben Sie sich zurück in die Informationssammlung.

Erst wenn die Beschreibung vollumfänglich steht, gehen Sie an die Ursachensuche. Hier gehört es zur Analyse, die Frage *„Wie kam es zu diesem Unfall?"* zu stellen, aber stellen Sie die Warumfragen zuerst im Kleinen. *„Warum hat dieser oder jener Mitarbeiter den Arbeitsbereich betreten?", „Warum wusste niemand von seiner Arbeit?"* und ähnliche Frage mögen für die Beteiligten erstmal unangenehm klingen, haben aber tatsächlich den Hintergrund der Ursachenforschung; die meisten dieser Fragen werden sich in der Regel einfach und gut begründet beantworten lassen. Hieraus lassen sich fast immer Hinweise auf die allgemeine Verbesserung des Arbeitsschutzes ziehen. Untersuchen Sie hierbei alle Faktoren, die möglicherweise zum Unfall beigetragen haben. Hilfreiche Fragestellungen hierbei sind die Fragen:

- Gab es Schwierigkeiten oder direkte Fehler an elektrotechnischen Komponenten?
- Gab es Schwierigkeiten mit dem verwendeten Werkzeug oder anderen Arbeitsmitteln?
- Wurden die Arbeitsbedingungen negativ beeinflusst, z.B. durch Wetter, Lärm oder Ablenkung?
- Waren Anzeigen oder Parameterinformationen fehlerhaft?
- War die technische Kommunikation gewährleistet; z.B. Mobilfunknetz, voller Akku, Gegensprechanlage?
- Waren Aufgaben, Verantwortlichkeiten und Entscheidungskompetenzen allen Beteiligten klar?
- Waren alle Mitarbeiter für ihre Tätigkeit hinreichend qualifiziert?

- Wurden alle Arbeitsanweisungen und Vorgaben bekannt gegeben und wurden diese auch verstanden?

Der wichtigste Schritt der Unfallanalyse für die Arbeitspraxis ist schließlich nach abgeschlossener Untersuchung das Ableiten von Maßnahmen. Die Untersuchungsfrage ist im ersten Schritt rückwärtsgewandt *„Wie hätte das vermieden werden können?"* und im zweiten Schritt *„Wie können wir solche und ähnliche Unfälle in Zukunft vermeiden?"* Dazu gehört auch eine Überarbeitung und Ergänzung der Gefährdungsbeurteilung. Bei Maßnahmen gilt nach § 4 Arbeitsschutzgesetz, dass individuelle Schutzmaßnahmen nachrangig vor anderen Maßnahmen zu treffen sind. Eine isolierende Abdeckung ist beispielsweise dem Tragen von Schutzkleidung immer vorzuziehen – sofern dies möglich ist natürlich. Gefahren sind stets an ihrer Quelle zu bekämpfen.

Gefährdungsbeurteilung

Die Gefährdungsbeurteilung fußt auf § 5 Arbeitsschutzgesetz. Darin heißt es in Absatz 1 der *„Arbeitgeber hat durch eine Beurteilung der für die Beschäftigten mit ihrer Arbeit verbundenen Gefährdung zu ermitteln, welche Maßnahmen des Arbeitsschutzes erforderlich sind."* Kurz gesagt: Zu ergreifende Maßnahmen werden aufgrund möglicher Gefahren ermittelt. Dabei sind zwei Faktoren ausschlaggebend: Was ist die jeweilige mögliche Folge einer Gefahr und wie wahrscheinlich ist es, dass diese Folge eintritt?

Bei der Ermittlung der Gefahren ist es wie so oft hilfreich, sich selbst die richtigen Fragen zu stellen.

Diese können beispielsweise wie folgt lauten:

- Wie sieht der jeweilige Arbeitsplatz aus, was finde ich dort vor?
- Was wird dort von wem gemacht?
- Wer hat und wer braucht hierzu welche Qualifizierung?
- Welche Gefahrenquellen sind bekannt und welche Schutzmaßnahmen wurden bereits getroffen?
- Wie beurteilen Sie die vorhandenen Schutzmaßnahmen?

- Wer kümmert sich um die Aktualität von zum Beispiel Geräteprüfungen?
- Und schließlich welche konkreten Gefährdungen gibt es?

Die grundsätzlichen Gefahren in der Elektrotechnik sind primär

- die elektrische Durchströmung des menschlichen Körpers,
- die Auswirkungen von Lichtbögen,
- Sekundärwirkungen, also Folgen, die aus Unfällen herrühren, für welche die Elektrizität nur der Auslöser war
- sowie die Folgen starker, elektromagnetischer Felder.

Das Ziel der Gefährdungsbeurteilungen ist es, geeignete Maßnahmen abzuleiten, welche in Arbeitsanweisungen einfließen, um Gefährdungen soweit wie möglich auszuschließen oder zumindest zu minimieren.

Ein wichtiges Regelwerk für Gefährdungsbeurteilungen ist in den Technischen Regeln für Betriebssicherheit 1111 festgeschrieben. Diese sind frei zugänglich und beinhalten unter anderem eine

Muster-Betriebsanweisung. Ebenso bieten die Berufsgenossenschaften Materialien und Informationen zur Erstellung von Gefährdungsbeurteilungen, Checklisten und Musteranweisungen. Man muss das Rad nicht stets neu erfinden, ganz im Gegenteil.

Das Zusammenwirken von Gesetzen, Vorschriften und Normen

Dieses Hörbuch kann eine Einzelfallberatung nicht ersetzen, und eine gewünschte Rechtsberatung durch einen Rechtsanwalt erst recht nicht. Das sei zu Beginn dieses Kapitels nochmal verdeutlicht.

Bisher wurden immer wieder einzelne Gesetze, Vorschriften oder Normen genannt, auf welche ich mich in meinen Aussagen beziehe. In diesem Kapitel soll es um eine sehr grobe Übersicht der rechtlichen Hintergründe gehen, um Ihnen ein Gefühl dafür zu geben.

Die verfassungsrechtliche Grundlage all unserer Gesetze ist das Grundgesetz. Darauf bauen alle anderen Gesetze auf. Diese lassen sich grundsätzlich in die Bereiche Zivilrecht und Öffentliches Recht aufteilen. Im Öffentlichen Recht wird das Verhältnis zwischen Bürger und Staat geregelt, während im Zivilrecht das Verhältnis der Bürger untereinander geregelt wird. Zu letzterem gehört auch das Verhältnis von privatrechtlichen Unternehmen untereinander sowie zu natürlichen Personen.

Zum öffentlichen Recht gehören Themen wie das Verwaltungsrecht, das Strafrecht, das Ordnungswidrigkeitenrecht oder das Kollektivarbeitsrecht.

Zum Zivilrecht hingegen das Schuldrecht, das Vertragsrecht oder das Individualarbeitsrecht. Während sich das Individualarbeitsrecht als Teil des Zivilrechts mit dem Verhältnis von Arbeitgeber und Arbeitnehmer befasst, geht es im Kollektivarbeitsrecht als Teil des öffentlichen Rechts um das Verhältnis von Gewerkschaften und Betriebsräten auf der einen sowie Arbeitgeberverbänden und Arbeitgebern auf der anderen Seite.

Wenn man sich die Rechtsstruktur als meisterlichen Bau vorstellt, so stellt das Grundgesetz das Fundament dar, die Gesetze des öffentlichen Rechts und die Gesetze des Zivilrechts jeweils Säulengänge, auf denen die Decke der gesetzlichen Rechtsgrundlage ruht. Darauf bauen rechtsverbindliche Konstrukte auf. Diese sind etwa Verträge, beispielsweise Arbeitsverträge, staatliche Verordnungen, wie beispielsweise die Betriebssicherheitsverordnung, oder Vorschriften des autonomen Rechts, wie beispielsweise die DGUV Vorschrift 3.

In der Symbolik des beschriebenen Rechtsgebäudes kann darauf das Dach gesetzt werden, welches uns soweit wie möglich Rechtssicherheit verschaffen kann. Die Ziegel dieses Daches sind zumeist die Normen.

Normen sind keine starren und unbeweglichen Vorgaben, die es, ohne darüber nachzudenken, buchstabengetreu zu befolgen gilt. Es sind keine einsperrenden Gitter, eher stellen sie ein stabiles Gerüst dar, auf welchem man aufbauen kann. Wenn man sich innerhalb der Normen bewegt, weiß man, dass man sicheren Tritt hat. Wenn man dieses Gerüst verlässt, kann man sich an dieses Gerüst zumindest anlehnen, muss sich aber klar darüber sein, den Überbau selbst aufstellen zu müssen. Aber die Möglichkeit dazu besteht. Dies kann beispielsweise in Hausnormen umgesetzt werden.

Normen und rechtliche Vorschriften sind sehr wichtig und geben uns viele Möglichkeiten; um es mit einem Goethewort zu sagen; *„Das Gesetz nur kann uns Freiheit geben. "*

Es ist hilfreich, einige Regeln im Verständnis des Zusammenwirkens von Gesetzen, Vorschriften und Normen zu kennen.

Hierzu gehören etwa die allgemeinen Vorfahrtsregeln von grundsätzlich gleichwertigen Gesetzen oder Vorschriften, also einem horizontalen Widerspruch. Gibt es ein Gesetz, das einen Sachverhalt eher allgemein regelt, und dann noch ein Gesetz, welches einen konkreteren Fall speziell regelt, dann gilt im konkreten Fall die Regel *„Speziell vor Allgemein"*. Sollten Sie also einmal auf zwei

Gesetze oder Vorschriften stoßen, die beide auf Ihren Fall zutreffen, und eine davon behandelt Ihren Fall nur allgemein, die andere deutlich konkreter, so gilt die konkretere Vorschrift.

Betrachten wir auch das vertikale Zusammenwirken von Gesetzen, Vorschriften und Normen an einem konkreten Beispiel, beginnend beim Grundgesetz und endend bei den Normen in Bezug auf die Elektrosicherheit einer elektrischen Anlage.

Artikel 2 Absatz 2 Satz 1 des Grundgesetzes besagt *„Jeder hat das Recht auf Leben und körperliche Unversehrtheit."* Dies ist ein klares Grundrecht, welches jedoch nicht alle Details seiner Bedeutung vertiefen kann. Zur Umsetzung dieses Grundrechts gibt es für die einzelnen Lebensbereiche unterschiedliche Gesetze. Für das Berufsleben ist dies in verschiedenen Gesetzen an unterschiedlichen Stellen festgelegt. Nach § 3 Absatz 1 Satz 1 des Arbeitsschutzgesetzes ist *„der Arbeitgeber verpflichtet, die erforderlichen Maßnahmen des Arbeitsschutzes unter Berücksichtigung der Umstände zu treffen, die Sicherheit und Gesundheit der Beschäftigten bei der Arbeit beeinflussen."* Nach § 618 BGB sind unter anderem Gerätschaften, die der Arbeitgeber zur Verrichtung der Dienste zu beschaffen hat, so einzurichten und zu unterhalten, dass der Mitarbeiter, soweit es möglich ist, gegen Gefahr für Leben und Gesundheit geschützt ist. Das ist schon sehr viel deutlicher, als es das Grundgesetz in der allgemeinen Formulierung des Rechts auf körperliche Unversehrtheit vorgibt. Daraus weiß man aber noch nicht konkret, wie das in Bezug auf die unternehmenseigenen elektrischen Anlagen umzusetzen ist. Man weiß nur, dass man diese so gestalten soll, dass davon keine Gefahr ausgeht, und man sich auch kontinuierlich darum kümmern muss. Das lässt so für sich genommen noch sehr viel Spielraum für Interpretation. Es heißt nicht zu Unrecht in einem alten Sprichwort *„Vor Gericht und auf hoher See ist man in Gottes Hand"*, aber das ist ein Grund mehr, sein Schiff, so gut es geht, auf die Beanspruchungen einer stürmischen See vorzubereiten.

Das Gleiche gilt für die Elektrosicherheit elektrischer Anlagen. Hier helfen uns die Betriebssicherheitsverordnung und die Vorschriften der Berufsgenossenschaften weiter. Die Betriebssicherheitsverordnung ist eine Bundesrechtsverordnung und damit einem Gesetz im materiellen, wenn auch nicht im formellen Sinne gleichgestellt. Für uns als Anwender ist das in diesem Fall unerheblich, sie ist eine Verordnung, an die wir uns zu halten haben. Die DGUV-Vorschriften stellen sogenanntes autonomes Recht der Berufsgenossenschaften dar und sind für die Mitglieder der Berufsgenossenschaften verbindlich.

Damit gelten sie für alle freiwilligen Mitglieder als auch für alle sozialversicherungspflichtigen Angestellten auf der Grundlage von § 15 des siebten Sozialgesetzbuches. Die §§ 14 und 15 der Betriebssicherheitsverordnung sowie § 5 DGUV Vorschrift 3 gehen hier näher auf unseren Fall ein. So steht beispielsweise in § 5 Absatz 1 DGUV Vorschrift 3: *„Der Unternehmer hat dafür zu sorgen, dass die elektrischen Anlagen und Betriebsmittel auf ihren ordnungsgemäßen Zustand geprüft werden; vor der ersten Inbetriebnahme und nach einer Änderung oder Instandsetzung vor der Wiederinbetriebnahme durch eine Elektrofachkraft oder unter Leitung und Aufsicht einer Elektrofachkraft und in bestimmten Zeitabständen. Die Fristen sind so zu bemessen, dass entstehende Mängel, mit denen gerechnet werden muss, rechtzeitig festgestellt werden."*

Wunderbar, jetzt weiß man, was man zu tun hat, nur nicht wie. Und dass die Prüffristen geeignet sein müssen, erscheint auf den ersten Blick nur bedingt für den Anwender hilfreich. Schade, nicht? Hier helfen Normen, aber auch Berufsgenossenschaftliche Informationen.

Die DIN VDE 0100 Teil 600 *„Errichten von Niederspannungsanlagen"* fordert etwa einen Isolationswiderstand von mindestens einem Megaohm. Sehr hilfreich sind auch die DGUV Information 203-071 *„Wiederkehrende Prüfungen* *elektrischer Anlagen und Betriebsmittel*", die DGUV Information 203-072 *"Wiederkehrende Prüfungen elektrischer Anlagen und ortsfester Betriebsmittel"* sowie die *"Durchführungsanweisung zur DGUV Vorschrift 3"*, welche einen sehr detaillierten Messablauf vorgeben und auch konkrete Fristen empfehlen, welche von unterschiedlichen Faktoren abhängen. So sind diese Normen und Informationen nicht von sich aus direkt rechtsverbindlich, aber als Teil des überbauenden Daches unseres symbolischen Rechtsgebäudes verhelfen sie zu einer beruhigenden Rechtssicherheit bei der Arbeit. Dies ist sowohl bei Standardverfahren wie der Anlagen- und Geräteprüfung hilfreich als auch bei seltenen oder sensiblen Arbeitsanforderungen.

Arbeiten unter Spannung

Das Arbeiten unter Spannung ist nach § 6 DGUV Vorschrift 3 grundsätzlich untersagt. Wo das Wort *„grundsätzlich"* drin steckt, gibt es zumeist auch Ausnahmen. Diese werden nach § 8 DGUV Vorschrift 3 geregelt. Die Ausnahmen für das Arbeiten unter Spannung müssen *„zwingende Gründe"* sein. Ein beträchtlicher Anteil der Stromunfälle von Elektrofachkräften liegt tatsächlich darin, dass nicht freigeschaltet wurde, obwohl es notwendig gewesen wäre. Zumeist aus Routinedenken, Unterschätzen der Gefahr oder schlicht Bequemlichkeit.

Dies sind – wie Sie sich denken können – alles **keine** zwingenden Gründe. Ein zwingender Grund wäre beispielsweise, wenn durch das Abschalten Menschenleben in Gefahr wären. So werden in Krankenhäusern öfter elektrotechnische Arbeiten an der Installation durchgeführt, die in Wohn- oder Bürogebäuden eindeutig im spannungsfreien Zustand durchgeführt würden.

Es gibt aber auch Fälle, in welchen das Spannungsfreischalten schlichtweg technisch nicht möglich ist. Eine Photovoltaikdachanlage lässt sich nun einmal nicht abschalten. Hier bleibt zwar möglicherweise die Option, bei völliger Dunkelheit zu arbeiten. Ob dies aber umsetzbar oder gar bezüglich anderer Gefahren wie der Absturzgefahr viel sicherer wäre, ist fraglich und steht oft in keinem Verhältnis. Arbeiten an Groß-batterieanlagen, Hochvoltbatterien in der Produktion oder Entwicklung gehören auch zu den technisch nicht spannungsfreischaltbaren Systemen. Auch hier ist also Arbeiten unter Spannung zulässig.

Ein weiterer zwingender Grund liegt vor, wenn das Arbeiten während des Betriebs unter Spannung zum Gelingen der Arbeit erforderlich ist, etwa bei der Fehlersuche oder auch in Forschungs- und Entwicklungslaboren. Außerdem kann es als zwingender Grund angesehen werden, wenn im Falle des Abschaltens ein erheblicher wirtschaftlicher Schaden droht. Sie merken bereits an der Formulierung, dass dies ein besonders kritisch zu hinterfragender Grund für das Arbeiten unter Spannung ist. *„Erheblicher wirtschaftlicher Schaden"* ist eine Frage der jeweiligen Sichtweise. Würden Sie den Strom für halb Hamburg abschalten? Okay, das wird vermutlich problemlos als *„Erheblicher wirtschaftlicher Schaden"* anerkannt. Ich empfehle Ihnen dringend, mit diesem Grund sehr vorsichtig umzugehen, da dieser im Fall eines Arbeitsunfalls am intensivsten hinterfragt wird.

Zudem müssen die ausführenden Elektrofachkräfte entsprechend qualifiziert sein, inklusive arbeitsmedizinischer Untersuchung und Erste-Hilfe-Ausbildung. Alle Arbeiten unter Spannung dürfen nur nach entsprechender schriftlicher Anweisung und unter Zuhilfenahme adäquater Schutzausrüstung erfolgen.

Schaltberechtigung

Immer wieder lese ich bei Mitarbeitergesuchen in der Elektrotechnik *„vorhandene Schaltberechtigung wünschenswert"* und muss darüber schmunzeln. Es ist nicht so, dass jemand einmal ein entsprechendes Seminar mitmacht, und dann für immer und ewig überall berechtigt ist zu schalten. Diesen Zahn muss ich Ihnen ziehen. Die Schaltberechtigung wird vom jeweiligen Unternehmen seinen Mitarbeitern gegeben und nicht vom Seminaranbieter.

Aber warum wird eine Schaltberechtigung als wichtig oder erforderlich angesehen?

Dies beruht auf § 7 des Arbeitsschutzgesetzes, wonach der Arbeitgeber zu berücksichtigen hat, *„ob die Beschäftigten befähigt sind, die für die Sicherheit und den Gesundheitsschutz bei der Aufgabenerfüllung zu beachtenden Bestimmungen und Maßnahmen einzuhalten."* Eine Beschreibung oder Festlegung des Themas Schaltberechtigung ist in sonst keiner Vorschrift beschrieben.

Die verantwortliche Person, in unserem Fall also Sie als VEFK, erteilt geeigneten Mitarbeitern eine Schaltberechtigung. Ein Zertifikat, welches man nach einem Seminar Schaltberechtigung bekommt, ist lediglich der dokumentierte Nachweis, dass diese

Person prinzipiell so viel Ahnung von den Besonderheiten und Gegebenheiten von Schaltvorgängen hat, dass man ihr das grundsätzlich zutrauen kann. Grundsätzlich aber nicht zwingend konkret. Um das konkret zu tun, müssen Sie sich als VEFK näher damit beschäftigen. Denn Sie vergeben ja die Schaltberechtigung, Sie tragen die Verantwortung als VEFK.

Die Zentrale Fragestellung hierbei ist: **WER** darf **WO**, **WELCHE** Anlagen **WANN** und **UNTER WELCHEN BEDINGUNGEN** schalten?

Brauche somit also jeder eine Schaltberechtigung im Unternehmen um den Drucker einzuschalten?

Nein, natürlich nicht – es sei denn, es gibt Umstände, die das sinnvoll bzw. erforderlich machen, dass Sie das so entscheiden. Man kann im Allgemeinen davon ausgehen, dass eine solche Schalthandlung höchstens am Suchen des Schalters scheitern könnte, beinhaltet jedoch keinerlei Sicherheitsbedenken. Grundsätzlich ist aus Sicht der Sicherheit also ein elektrotechnisch nicht qualifizierter Mitarbeiter grundsätzlich befähigt, eine Schalthandlung an einem als eigensicher zu bezeichnenden Drucker, welcher die Geräteprüfung nach DGUV Vorschrift 3 bestanden hat, durchzuführen. Befähigt. Berechtigt natürlich nur, wenn Sie ihm das gestatten. Und hier sind wir auch bereits bei der Differenzierung zwischen Befähigung und Berechtigung: Aufgrund meines Führerscheines und meiner umfangreichen Fahrerfahrung mit verschiedenen Fahrzeugen bin ich befähigt, Ihren PKW zu fahren. Vielleicht muss ich mit diesem vertraut werden, aber an sich bin ich hierzu befähigt. Berechtigt bin ich allerdings erst, wenn Sie es mir erlauben – ist ja Ihr Auto.

Ebenso ist es mit der Schaltberechtigung in Ihrem Unternehmen. Sie als Verantwortliche Elektrofachkraft müssen sicherstellen, dass *„die Beschäftigten befähigt sind, die für die Sicherheit und den Gesundheitsschutz bei der Aufgabenerfüllung zu beachtenden Bestimmungen und Maßnahmen einzuhalten. "*, wie es das Arbeitsschutzgesetz fordert. Sie suchen befähigte Personen aus und geben diesen dann entsprechende Berechtigungen. Daher heißen die meisten Seminare auch *„Schaltbefähigung"*, nicht *„Schaltberechtigung"*.

Dieses kann eine für Sie wichtige Grundlage sein, aber je nach Schalthandlung können Sie die Qualifizierungen auch intern durchführen. Bedenken Sie jedoch: Sie müssen die Befähigung Ihrer Mitarbeiter nachweisen können; allerspätestens im Fall eines Arbeitsunfalls!

Insbesondere wenn jemand – auch Dritte – möglicherweise gefährdet ist, ist eine Regelung zur Schaltberechtigung erforderlich. In erster Linie natürlich bei der Gefährdung von Gesundheit und Leben, in zweiter Linie aber auch bei der Gefährdung anderer Rechtsgüter, einschließlich auftretender Kosten infolge von z.B. versehentlichem Produktionsausfall.

Daher noch einmal kurz die wichtige Fragestellung: **WER** darf **WO**, **WELCHE** Anlagen **WANN** und **UNTER WELCHEN BEDINGUNGEN** schalten?

Verantwortung für Altlasten

Bei der Übernahme der Verantwortung in einem Betrieb kommt irgendwann die Frage auf, in wie weit man als VEFK für Fehler in Anlagen gerade stehen muss, die lange vor der eigenen Tätigkeit in der Elektrosicherheit gemacht wurden, sich aber möglicherweise erst jetzt zeigen.

Als Beispiel konkret bei Fehlern, die bei einer Anlagen- oder Betriebsmittelprüfung nicht erkannt werden, auf die es auch keinen Hinweis gibt. Die gute Nachricht ist: Wenn Sie Ihre Aufgabe gewissenhaft erfüllen und auch für die ordnungsgemäße Prüfung von Anlagen und Betriebsmitteln nach § 5 DGUV Vorschrift 3 und deren rechtssichere Dokumentation sorgen, haben Sie Ihre Sorgfaltspflicht erfüllt.

Verdeckte und somit in einer ordentlichen Prüfung nicht erkennbare Fehler sind Ihnen nicht anzulasten. Salopp gesagt: Wenn Sie auf alles achten und ein Fehler auftritt, mit dem Sie nicht rechnen konnten, kann man Sie auch nicht haftbar machen. Bitte beachten Sie jedoch, dass dies eine grundlegende Betrachtung ohne Details ist, in welchem ja bekanntlich zumeist der Teufel steckt.

Betrachten wir nun den Fehlerfall: Eine Anlage geht ohne vorhersehbaren Grund in Flammen auf. Bei der Begutachtung wird im Nachhinein festgestellt, dass die Anschlussklemmen einen Materialfehler aufgewiesen haben, was die Ursache des Brandes war. Es ist unbestritten, dass dies ein unvorhersehbarer Fehler war, Sie und auch alle anderen Beteiligten haben ihre Sache gut gemacht.

Jetzt gibt es aber noch 15 weitere baugleiche Anlagen im Unternehmen. Nun ist es ratsam, die anderen Anlagen auf genau diesen Fehler hin zu untersuchen. Würden Sie dies unterlassen, und es kommt erneut zu einem solchen Fehler bei einer der anderen 15 Anlagen, sieht die Sache nun ganz anders aus.

Denn aufgrund des erstmals aufgetretenen Fehlers können weitere Unfälle nicht mehr als unvorhersehbar betrachtet werden. Es werden also keine hellseherischen Fähigkeiten von Ihnen erwartet. Es wird jedoch von Ihnen als VEFK sehr wohl erwartet, dass Sie aus Fehlern – egal wessen Fehlern – in der Lage sind, nicht nur zu lernen, sondern auch Maßnahmen abzuleiten, um sich kontinuierlich um die Verbesserung der Sicherheit zu kümmern.

Zusammenarbeit mit Fremdfirmen oder internationalen Teams

Die genannten Vorschriften beziehen sich auf die „**Deutsche** Gesetzliche Unfall-Versicherung", kurz DGUV, also die deutschen Berufsgenossenschaften. Diese Vorschriften gelten natürlich auch dann, wenn Teams oder Fremdfirmen aus anderen Ländern elektrotechnische Arbeiten in Ihrem Verantwortungsbereich ausführen.

In diesem Fall ist es ebenso wie bei inländischen Subunternehmern **nicht** empfehlenswert, für jeden Mitarbeiter der Partnerabteilung oder des Subunternehmers selbst eine fachliche Einschätzung abzugeben. Erstens ist das nicht Ihre Aufgabe, zweitens nicht Ihr Zuständigkeitsbereich und drittens ist es auch nicht nur schwierig, sondern auch de facto unmöglich, Personen, mit denen man noch nie gearbeitet hat, korrekt einzuschätzen sowie einzusetzen, ohne in Teufels Küche zu geraten, gerade wenn diese einer Ausbildungs- und Qualifizierungsstruktur entspringen, mit welcher man selbst nicht vollends vertraut ist.

Zeitgleich sind Sie jedoch durchaus verpflichtet sicherzustellen, dass im Sinne des § 3 DGUV Vorschrift 3 *„elektrische Anlagen nur von einer Elektrofachkraft oder unter Leitung und Aufsicht einer*

Elektrofachkraft den elektrotechnischen Regeln entsprechend errichtet, geändert und instandgehalten werden", gerade wenn es Anlagen Ihres Zuständigkeitsbereichs sind. Es treffen also die Zuständigkeit für die Anlagen, welche Ihnen obliegt, und die Zuständigkeit für die ausführenden Elektrofachkräfte, welche deren Arbeitgeber obliegt, zusammen.

Wie also erfüllt man am besten und einfachsten ihre Verpflichtung?

Klären Sie im Vorfeld mit den jeweiligen Repräsentanten des Fremdunternehmens alle notwendigen Voraussetzungen. Verdeutlichen Sie, welche Anforderungen an Mitarbeiter, die an Ihren Anlagen elektrotechnische Arbeiten ausführen, Bedingung sind. Lassen Sie sich vom Teamleiter oder Kunden schriftlich versichern, dass es sich bei allen von ihm entsandten Mitarbeitern um Elektrofachkräfte im Sinne der EN 50110 handelt.

In unserem Servicepaket, welches Ihnen auf unserer Homepage *„www.tcs-engineering.de/downloads"* zur Verfügung steht, finden Sie hierzu eine entsprechende Beispielvorlage.

Der Benutzername lautet *„elektrofachkraft"*, das Passwort lautet *„vde1000"*.

Natürlich bleibt Ihr Verantwortungsbereich allein Ihr Verantwortungsbereich. Wenn Sie feststellen, dass einzelne oder mehrere Mitarbeiter der Fremdfirma, nicht den Regeln entsprechend arbeiten, müssen Sie adäquat handeln. Sprechen Sie sich auf jeden Fall mit dem zuständigen Teamleiter ab, Sie arbeiten schließlich mit diesem zusammen.

Sich in Punkten der Arbeitssicherheit und damit auch der Elektrosicherheit abzustimmen, ist zudem Ihre gesetzliche Pflicht nach § 8 Arbeitsschutzgesetz. Dies gilt für die Zusammenarbeit mit Fremdfirmen aus dem In- und aus dem Ausland.

Die jährliche Sicherheitsunterweisung

Sowohl § 12 Arbeitsschutzgesetz, § 4 DGUV Vorschrift 1 als auch § 9 Betriebssicherheitsverordnung fordern die regelmäßige Unterweisung aller Mitarbeiter. Dies betrifft natürlich auch den Bereich Elektrotechnik. Die jährliche Sicherheitsunterweisung ist obligatorisch für alle Mitarbeiter, die in der Elektrotechnik tätig sind. Neben den Wirkungen und Gefahren des elektrischen Stroms auf den menschlichen Körper sollte auch auf die Sicherheitsmaßnahmen und Vorgaben in Ihrem Unternehmen eingegangen werden.

Diese muss mindestens einmal im Jahr erfolgen, zudem stets zur Einstellung eines neuen Mitarbeiters, spezifisch bei neuen Aufgabenbereichen, als auch zur Einführung neuer Maschinen, Werkzeuge oder Arbeitsverfahren. Außerdem im Fall von Arbeitsunfällen oder anderen Vorkommnissen, welche dieses sinnvoll erscheinen lassen.

Diese Unterweisung können Sie auch halbautomatisiert durchführen, jedoch ist es erforderlich, dass alle Teilnehmer die Möglichkeit haben, Fragen zu stellen. Daher ist eine

Halbautomatisierung in Ordnung, eine Vollautomatisierung jedoch nicht.

Die Teilnehmer sollen aber nicht nur passiv ihre Zeit absitzen. Eine Prüfung zur Sicherheitsunterweisung ist zwar unüblich, aber die Teilnehmer in das Geschehen mit einzubeziehen ist eine gute Option, um sicherzustellen, dass die Inhalte wirklich verstanden wurden. Die Unterweisung hat durch eine Elektrofachkraft zu erfolgen.

Eine Unterweisung können Sie auch extern vergeben, jedoch sollten Sie der unterweisenden Person entsprechende Informationen zu den Aufgabengebieten des Auditoriums zukommen lassen. Die Sicherheitsunterweisung ist zu dokumentieren. Die Dokumentation umfasst die Inhalte der Unterweisung samt Konsequenzen bei Nichtbeachtung derselben, ebenso wie Datum und Dauer der Unterweisung, die Namen und Unterschriften der Teilnehmer sowie den Namen der unterweisenden Person.

Bitte verwechseln Sie nicht Unterweisung und Einweisung. Eine Einweisung kann zwar Teil einer Unterweisung sein, beschreibt aber genaue Arbeitsabläufe und Sicherheitsmaßnahmen am jeweiligen Arbeitsplatz, den Umgang mit den jeweiligen Arbeitsmitteln und so weiter.

Arbeitsrechtliche Kompetenzen

Ob Sie als VEFK auch der disziplinarische Vorgesetzte von Mitarbeitern in der Elektrotechnik sind, sollte bei der Bestellung geklärt werden. Auf jeden Fall haben Sie als Verantwortliche Elektrofachkraft nicht nur die Kompetenz, Mitarbeiter zu Elektrofachkräften zu ernennen, Sie dürfen diesen Status auch jedem Mitarbeiter jederzeit aberkennen.

Dies gilt auch für den Zutritt zu bestimmten elektrotechnischen Anlagen oder die Zuständigkeit für bestimmte Aufgaben. Sie als VEFK entscheiden am Ende, wer welche elektrotechnischen Arbeiten im Unternehmen ausführen darf.

Falls Sie selbst der disziplinarische Vorgesetzte sind oder sich mit diesem abstimmen, beachten Sie, dass arbeitsrechtliche Konsequenzen gerade bei sicherheitsrelevanten Verstößen geeignete und adäquate Mittel darstellen müssen. Je nach Schwere des Verstoßes und den potentiellen Folgen desselben – sprich der eigentlichen Gefährdung – ist ein anderes Mittel angebracht. Zudem muss es bei Wiederholung eine spürbare Verschärfung geben. Wenn jemand kontinuierlich Sicherheitsvorgaben ignoriert, können Sie nicht einfach nur jedes Mal ein ermahnendes Gespräch führen.

Das kann man gegebenenfalls ein- oder zweimal machen. Aber wenn man immer nur versucht gut zuzureden und sonst keinen Konsequenzen folgen, wird Ihnen das als faktische Duldung des Verhaltens ausgelegt.

Betrachten wir zunächst die konventionellen Eskalationsstufen der Sanktionsmöglichkeiten:

- Die mündliche Ermahnung: Dem Arbeitnehmer droht bei einer Ermahnung auch bei wiederholten Vorfällen keine Kündigung. Eine mündliche Ermahnung beziehungsweise ein ernstes Gespräch stellt die niedrigste Form arbeitsrechtlicher Maßnahmen dar und könnte bildlich als *„Warnschuss in die Luft"* beschrieben werden.

- Der schriftliche Verweis: Diese nach Schülersanktion klingende Maßnahme ist der mündlichen Ermahnung sehr ähnlich, jedoch eine schärfere Form der Verwarnung, zumal diese auch zur Personalakte gelegt werden kann. Um beim Bild von vorher zu bleiben ist dies der *„Schuss vor den Bug"*.

- Die schriftliche Abmahnung: Eine Abmahnung hat bereits eine starke arbeitsrechtliche Wirkung. Aber Achtung: Eine Abmahnung verbraucht den Kündigungsgrund. Wäre ein Fehlverhalten also dermaßen eklatant, dass auch eine fristlose Kündigung gerechtfertigt scheint, kann diese NICHT nach der Abmahnung erfolgen, sondern man muss sich für eines der Mittel entscheiden. In unserem Bild ist eine schriftliche Abmahnung bereits eine *„volle Breitseite"*.

- Die Kündigung: Diese schwerste und folglich letzte Maßnahme stellt das Versagen aller anderen Mittel dar. Eine Abwägung milderer Mittel sollte in Betracht gezogen werden, im gerechtfertigten Fall tut man sich aber auch keinen Gefallen damit, die Kündigung – alternativ auch einen Aufhebungsvertrag - als Mittel abzulehnen. Nach mehreren Abmahnungen zu ein und dem gleichen Fehlverhalten bleibt einem leider nicht mehr viel anderes übrig, als sich voneinander zu trennen.

Neben diesen genannten konventionellen arbeitsrechtlichen Schritten bleiben aber noch ein paar andere Möglichkeiten. Der Entzug des EFK-Status – das Gleiche bei der EFKffT – wurde bereits erwähnt. Eine Versetzung in einen anderen Bereich als Teil des Weisungsrechts des Arbeitgebers wäre auch denkbar. Dies benötigt jedoch eine Grundlage im Arbeitsvertrag. Allerdings sollte die Versetzung auch unter Einbeziehung der betreffenden Stelle passieren.

Eine eher selten genutzte Sanktion ist die Betriebsbuße in Form einer internen Geldstrafe. Dies muss jedoch im Vorfeld in der Betriebsordnung geregelt sein. Dazu gehören auch klare Höhen für eindeutige Tatbestände – also wie ein betriebsinterner Bußgeldkatalog. Diese Gelder dürfen dann auch nur für betriebliche oder soziale Zwecke eingesetzt werden. Der betreffende Arbeitnehmer muss angehört werden und der Betriebsrat muss jeweils auch zustimmen.

Auch wenn diese Möglichkeit interessant klingt, gehen Sie nicht zu inflationär damit um. Allerdings kann die Betriebsbuße eine gute Maßnahme sein, die mehr spürbare Konsequenzen hat als ein schriftlicher Verweis, aber doch nicht gleich eine Abmahnung darstellt.

Schlussbemerkung

Als leidenschaftlicher Segler habe ich natürlich etwas übrig für Seefahrergeschichten sowie für die Geschichte der Seefahrt. Erlauben Sie mir daher eine Analogie der Mitarbeiterstruktur in der Elektrotechnik zu der Besatzung eines altehrwürdigen Segelschiffes. Stellen Sie sich diese in etwa folgendermaßen vor:

Elektrotechnische Laien entsprechen den Deckleuten, Elektrotechnisch unterwiesene Personen den Matrosen, Elektrofachkräften für festgelegte Tätigkeiten den Bootsmännern und Bootsfrauen, die Elektrofachkräfte den Offizieren, die Anlagenverantwortlichen und Teamleiter unter den Elektrofachkräften den Führungsoffizieren und die VEFK dem Kapitän. Wie Sie merken, fehlt ein Dienstgrad, der des ersten Offiziers. Nicht wegen der Analogie, aber wegen der Sinnhaftigkeit ist es sehr zu empfehlen, einen Stellvertreter zu haben; diese „stellvertretende VEFK" entspricht dann dem ersten Offizier.

Zunächst einmal der naheliegendste Grund: Auch Sie sind mal in Urlaub, auch Sie wollen mal eine Pause haben. Auch Sie können wie jeder Mensch krank werden. Und wenn man weiß, dass sich in der Arbeit gut um alles gekümmert wird und man sich weniger Sorgen darum macht, ist das gerade im Krankheitsfall, aber auch während der eigenen Erholungsphasen sehr viel besser für die eigene Gesundheit.

Es ist zudem sehr hilfreich, jemanden an seiner Seite zu haben, der oder die einen unterstützt. Eine Person, mit welcher man Gedanken zu internen Themen fachlich austauschen, sich Feedback holen und als Team arbeiten kann. Ein Stellvertreter soll keine reine Urlaubs- und Krankheitsvertretung sein, sondern kontinuierlich mit eingebunden werden. Das erleichtert Ihnen ungemein den Aufbau Ihrer VEFK-Struktur.

Natürlich sind Sie als VEFK sehr wichtig im Unternehmen, natürlich sollen Sie auch Ihre eigene Persönlichkeit in Ihrer Aufgabe einbringen – wir arbeiten vielleicht an Maschinen, aber wir arbeiten mit Menschen, da ist das Persönliche stets wichtig. Jedoch ist es Ihre Aufgabe, an der Struktur der Elektrosicherheit zu arbeiten, an dieser als Gebäude und nicht nur als leeres Gerüst zu bauen. Die Elektrosicherheit im Unternehmen kann, wie fast jeder andere Bereich, auf zwei grundsätzliche Arten erfolgreich arbeiten: Entweder auf der Basis einer sehr gut funktionierenden Struktur, deren sich alle Beteiligten bedienen und in die sie sich einbringen; oder auf der Basis des Heldentums Ihrer Person und anderer herausragender Persönlichkeiten.

So verlockend die zweite Variante für das menschliche Ego zu sein scheint, glauben Sie bitte, wenn ich sage: Sie sollten zum Wohle aller sich nicht als Held aufopfern, sondern an der Struktur arbeiten. Meine Analogie der Schiffsmannschaft hilft mir, ein schönes und klares Bild von der Aufgabe einer VEFK zu sehen. Sie dürfen dieses gerne verwenden, aber grundsätzlich möchte ich Sie ermutigen, Ihr eigenes Bild zu zeichnen. Denn Sie wissen am besten, was zu Ihnen passt.

Gerne dürfen Sie mir auch Ihr Feedback schreiben. Senden Sie hierzu einfach eine Email an:

vefk@tcs-gmbh.net

Ich wünsche Ihnen bei Ihrer Aufgabe als VEFK viel Erfolg und allen Mitarbeitern Ihres Unternehmens allzeit sicheres Arbeiten.

Matthias Surovcik

www.tcs-engineering.de